AF465541

TRAITTE
DU
NIVELLEMENT
AVEC
LA DESCRIPTION DE
quelques niveaux nouvellement inventez par M. Mariotte de l'Academie Royale des Sciences.

A PARIS.
Chez JEAN CUSSON, ruë S. Jacques, à l'Image S. Jean Baptiste. M. DC. LXXII.

Avec privilege du Roy.

TRAITTÉ DU NIVELLEMENT.

DEFINITIONS.

Eux points sont dits estre de niveau entr'eux, lors qu'ils sont également distants du centre de la terre, & un rectangle est dit estre de niveau, ou posé horisontalement, lors qu'une ligne tirée du centre de la terre au point où s'entrecouppent les diagonalles du rectangle, est perpendiculaire au plan du rectangle, & ce point sera dit point d'attouchement.

2. Lors qu'un plan touche une sphere qui a pour centre le centre de la terre, chaque point pris dans ce plan est dit estre dans un mesme plan de niveau avec le point d'attouchement.

3. Un point est dit avoir son apparence dans le plan du niveau, lors qu'il paroist dans ce plan; soit qu'il y soit reellement, ou que les refractions l'y fassent paroistre.

PREMIERE SUPPOSITION.

Si l'on verse de l'eau au point d'attouchement d'une surface horisontale d'un corps auquel l'eau ne s'attache pas facilement, elle se mettra de niveau, c'est à dire que lors qu'elle sera calme & arrestée tous les points pris en sa surface superieure seront également distants du centre de la terre, hormis vers ses extremitez où elle prendra une figure courbe fort convexe, comme si la ligne mixte ABCD, est la section d'un plan & d'une surface d'eau estenduë sur une surface plane horisontale; tous les points pris en la partie BC, seront de niveau entr'eux: mais les extremitez AB, CD auront une courbure convexe, & la plus grande espaisseur que puisse prendre l'eau versée sur cette surface sera d'environ une ligne & demie qui est la huitiéme partie d'un poulce, & la courbure AB, CD, n'excedera pas un poulce: que si l'on verse davantage d'eau, & qu'elle s'estende comme jusques en L, & en M, tous les points que l'on prendra en GBECH, seront aussi de niveau entr'eux, & GL & HM prendront une courbure semblable à celle de AB; que si la surface où l'eau est versée est de bois ou de quelque autre matiere où l'eau s'attache, l'eau s'estendra d'elle-mesme peu à peu, quoy qu'on n'y en verse point de nouvelle, & diminuëra d'épaisseur, ce qu'on évitera si on met de la cire aux extremitez M & L, ou quelque autre matiere seiche & grasse; Mais GBECH estant partie d'une circonference d'un grand cercle dont le rayon est le demy diametre de la terre sera prise pour une ligne droite, lors qu'elle n'excede pas 5 ou 6 pieds, puis qu'il n'y peut avoir aucune sensible difference entre cette ligne courbe & sa tangente au point E, supposé également distant de G & H.

Figure 1.

DEUXIEME

Deuxie'me Supposition.

Si l'on met de l'eau dans un vaisseau de bois comme ABCD, la ligne EF estant dans la surface de l'eau, lors que l'eau aura humecté peu à peu les parties vers G & I, elle prendra vers ses extremitez E & F une courbure concave comme GH, IL, mais le reste HL aura toutes ses parties de niveau entr'elles, & EH, ou FL n'excedera pas un pouce. Fig. 2.

Troisie'me Supposition.

Si un plan est incliné à un plan de niveau au point d'attouchement, l'eau qu'on versera sur ce plan coulera vers le plan de niveau. AB represente le plan de niveau & DC le plan incliné, C est un point commun des 2. sections, l'eau coulera de D vers C, si elle est en quantité suffisante. Ces suppositions se prouvent facilement par l'experience. Fig. 3.

Quatrie'me Supposition.

Les points qui sont dans un mesme plan de niveau également distans du point d'attouchement sont de niveau entr'eux, mais ceux qui en sont inégalement distans, sont inégalement distans du centre de la terre, & ne sont pas de niveau entr'eux.

Lemme.

Si l'on verse de l'eau ou une autre liqueur à l'extremité d'un parallellogramme de niveau d'une telle matiere qu'elle ne s'y attache point elle coulera vers le point d'attouchement. Soit BEGDC, la commune section d'un parallellogramme de niveau & d'un grand cercle de la terre HGI, dont A est le centre & B le point d'attouchement, & du centre A soit décrit le cercle FED, de l'intervalle AD, & le cercle N Fig. 4.

B

O, de l'intervalle AN, & LDM, & PNQ, soient les touchantes aux points D & N. Or DC estant inclinée à LDM au point D; l'eau coulera de C en D, par la troisiéme supposition, & de D en N, par la mesme supposition, & en suitte vers G point d'attouchement de la ligne BC & du cercle HGI, puis qu'on peut décrire toûjours d'autres cercles entre NO & GI, qui seront coupez par la ligne GC, & par consequent elle sera toûjours inclinée aux touchantes en ce point, & l'eau coulera jusques au point G qui est le plus prez du centre A; mais si on verse l'eau fort prez de G en petite quantité & qu'elle s'attache à la matiere; cet attachement pourra surpasser son impulsion du costé de G, & l'empécher de couler au commencement qu'elle sera versée.

Description du niveau, ou instrument pour niveller.

Fig. 7. CE niveau est un petit Canal de bois d'une seule piece, AB largeur du niveau, est de 4 ou 5 pouces, sa longueur BC est depuis 2 pieds jusques à 5 ou 6, sa hauteur AD, de 2 ou 3 pouces, son épaisseur par en bas EF, est d'un demy pouce, & IL épaisseur des costez est d'environ 3 lignes afin qu'il reste environ 4 pouces pour la largeur de la surface OG, sur laquelle on doit verser de l'eau pour niveller. Cette surface doit estre enduite de cire prés de ses extremitez selon toute sa largeur, & de la longueur d'environ 4 ou 5 pouces comme depuis H jusques à M & de N jusques à P, en sorte que si un plan perpendiculaire à cette surface la coupe par le milieu en sa longueur, la section de la cire & de la surface soit comme en la figure 8, ou ABEFCD est la section de la surface sur laquelle on verse l'eau, la hauteur & la longueur de la cire est representée par les triangles BGE, CHF, sa figure solide est comme le coing IL, AB ou CD, distance des extremitez du niveau jusques à la cire, est de 4 ou 5 pouces, & BG ou CH est d'une ligne de hauteur, afin que l'eau estant versée sur le niveau jusques à ce qu'elle s'étende en M & N, sa surface superieure representée par la ligne ponctuée OP, soit plus élevée que les points G & H, puis que par la 1 supposition elle aura plus d'une ligne de hauteur. Fig. 8. Fig. 5.

Or si l'on verse de l'eau doucement dans le milieu de ce niveau posé à peu prez horisontalement, elle s'étendra peu à peu vers les extremitez, & si l'on void qu'elle coule plus d'un costé que de l'autre, il faudra élever l'extremité la plus basse avec des petits coings de bois, & faire en sorte que l'eau aille de part & d'autre jusques sur la cire à peu prez en égale distance de GB, & CH, & parce que l'eau ne s'attache pas facilement à la cire, elle s'y arrestera sans couler plus loin, & rien n'empéchera que l'on ne voye tout le long de sa surface superieure qui sera de niveau à la reserve de ses extremitez vers M & N, & joignant les costez du niveau par la premiere & seconde supposition; il n'est pas necessaire d'observer précisément toutes les mesures cy dessus, & l'on y peut un peu ajoûter ou diminuer.

Vsage de ce niveau.

SI l'on veut trouver deux points de niveau éloignez l'un de l'autre d'environ 200 pieds, il faut placer le niveau au milieu de la diſtance, & aprés l'avoir tourné du coſté des points à niveller, en ſorte qu'un plan paſſant par ces points couppe le niveau ſelon ſa longueur, on y verſera l'eau comme il a eſté dit cy deſſus, puis on taillera une petite bande de papier ou de carton blanc, qui ait les angles droits & les coſtez oppoſez parallelles, longue d'environ 12 pouces & large de deux comme ABCD, prés du milieu de laquelle on tirera deux lignes noires parallelles à AB, comme FE GH, diſtantes de 2 ou 3 pouces l'une de l'autre, & on les groſſira juſques à la largeur d'environ 2 ou 3 lignes; aprés on fera porter ce papier vers l'un des points qu'on voudra niveller, & le faiſant tenir perpendiculairement à l'horiſon, en ſorte que les lignes FE, GH, qu'on appellera les ſignes, ſoient à peu prés horiſontales, on le fera hauſſer & baiſſer, juſques à ce que tenant l'œil environ à un demy pied de diſtance du niveau, & un peu plus haut que la ſurface de l'eau, l'on voye dans l'eau l'image du ſigne ſuperieur, & non celle du ſigne inferieur, & que les trois ſignes noirs qui paroiſtront, ſçavoir les 2 du papier & l'image du ſuperieur, ſoient apparemment en eſgales diſtances entr'eux, ce que l'on obſervera facilement, ſi l'œil eſtant ſuffiſamment baiſſé, on fait baiſſer le papier, au cas que le 3 ſigne qui eſt l'image du ſuperieur paroiſſe trop éloigné de celuy du milieu, ou qu'on le faſſe hauſſer s'il en paroiſt trop proche; & lors qu'on les jugera tous trois en diſtances égales, le milieu de la largeur du ſigne inferieur ſera dans un meſme plan de niveau avec le milieu de la ſurface de l'eau, & ſi l'on marque contre un mur, ou ailleurs un point

Fig. 6.

point de mesme hauteur que ce milieu du Signe inferieur, ce sera un des points requis ; l'on fera de mesme de l'autre part, & l'on aura deux points distants entr'eux de 200. pieds, également distants du centre de la terre.

DEMONSTRATION.

AB est une ligne de commune section d'un plan vertical & de la surface horisontale de l'eau qui est dans le niveau, la ligne CO perpendiculaire à l'horison est la section de la bande de papier où sont les signes, par le mesme plan vertical, E & C sont des points dans le milieu des signes : Or si l'on suppose que la ligne AB comme droite soit continuée en E, & que l'œil soit en F ; un rayon de C tombant sur l'eau en G, se refléchira en F, si l'angle CGE est égal à FGA, & le point C sera veu par reflection au point D, & DE sera égal à CE par les principes d'Optique : que si l'œil est reculé en L, ou abaissé en H, il verra le point C dans l'eau dans la ligne LHID ; & plus l'œil sera proche de l'eau, ou éloigné de CD, plus le point d'intersection du rayon visuel & de la ligne AE, s'approchera du point A, comme s'il est en M, ce point sera N dans la surface de l'eau qui est dans le niveau, & ED paroîtra toûjours égale à EC, & par consequent le point E qui est au milieu du signe inferieur, sera dans le mesme plan horisontal que la ligne AB, ou que le plan touchant la ligne AB au point N, qui dans une distance comme de cent pieds, peut estre pris pour une mesme chose ; puisque la difference n'est pas $\frac{1}{27}$ de ligne, supposant le demy diametre de la Fig. 9.

terre de 20000000. pieds, laquelle difference eſt inſenſible : mais quand par quelque cauſe naturelle inconnuë, le point E paroîtroit plus haut que le juſte niveau, le point à niveller de l'autre part paroîtra auſſi plus haut, ſi plus bas, l'autre paroîtra auſſi plus bas dans les meſmes proportions ; donc ils ſeront toûjours dans un meſme plan de niveau, & eſtans également diſtans du point N, ils ſeront également diſtans du centre de la terre par la quatriéme ſuppoſition.

Ceux qui n'entendent pas les démonſtrations & qui ont quelquefois remarqué, que lors qu'une eau dormante bat contre un mur de pierre de taille, les jointures des pierres paroiſſent auſſi enfoncées ſous l'eau qu'elles ſont élevées au deſſus, ſoit qu'on en ſoit loin ou prés, & à quelque diſtance que les yeux ſoient de l'eau ; pourront connoiſtre la certitude & la juſteſſe de ce nivellement, & que l'image du point C, doit toûjours paroître autant au deſſous de la ligne A E, qu'il eſt élevé au deſſus.

Que ſi l'on objecte qu'on ne peut juger préciſement quand le point E eſt également diſtant de D & C, l'on répond que l'excés ou le deffaut s'il y en a, ſera moindre qu'une demie ligne dans une diſtance de 100. pieds, car ſi dans une meſme bande de
Fig. 10. papier blanc on met 3. lignes paralleles A, B, C, en égales diſtances d'un pouce, & 3. autres D, E, F, en inégales diſtances, dont la difference ſoit d'une li-
Fig. 11. gne, l'on connoîtra facilement la diſtance inégale E F. De meſme ſi A B E eſt une ligne de niveau de 100. pieds, & A B ſection de l'eau du niveau ſoit de 2 ou 3 pieds, & qu'on éleve la ligne C D d'une demy li-

gne en ſorte que le point E ſoit comme en F, le point C ſera auſſi élevé d'une demie ligne comme en G, & l'image du point F paroîtra comme en H, EH eſtant d'une demie ligne, & HI eſtant égale à GF, l'image du point G paroiſtra en I, donc FI excedera d'une ligne entiere FG, lequel excés eſt facilement diſcerné d'une diſtance de 100. pieds : donc l'erreur ſera toûjours moindre que FE égale à une demie ligne ; & dans les autres diſtances à proportion, ſi on augmente la largeur des ſignes & leurs intervalles à proportion des diſtances. On peut encore objecter que les lignes EC & ED eſtant veuës du point M, l'angle EMC ſera plus grand que l'angle EMD, ce qui doit faire paroiſtre EC plus grand que ED. A cela on répond que cette difference d'angle eſt inſenſible, & que puis que l'œil en M ne doit eſtre élevé qu'environ une ligne au deſſus de la ſurface de l'eau AB ; cette élevation n'empéche pas qu'on ne juge à fort peu prés de l'égalité de ces lignes. Lorsqu'on fait pluſieurs nivellemens de ſuite, il faut à chaque fois verſer l'eau du niveau par un des bouts qu'on eſſuiera enſuite exactement avec un linge ; car autrement l'eau couleroit hors du niveau, l'ors qu'on y en verſeroit pour faire un ſecond nivellement.

Lors que les diſtances excedent 30. toiſes ; il faut ſe ſervir au lieu de papier, d'un petit aix long de 2 ou 3 pieds, & large de 4 ou 5 pouces, ſur lequel ſi le fond eſt noir, on colera ou on attachera deux bandes de papier blanc larges d'un demy pouce & d'un intervalle de 4 ou 5 pouces pour ſervir de ſignes, & on obſervera que ces ſignes ſoient plus éloignez des extremitez de l'aix qu'ils ne ſont entr'eux, pour faire bien diſcerner l'image du ſigne ſuperieur : ces ſignes ſeront parallelles les uns aux autres & on tirera une ligne noire dans le milieu de l'inferieur, pour marquer le vray endroit du niveau ; il y aura un manche au haut de l'aix pour le tenir plus commodement perpendiculaire à l'horiſon. Il faut augmenter la largeur & la diſtance des ſignes, lors que les diſtances des points à niveller ſont plus grandes. Que ſi ces diſtances excedent 400 toiſes, il faudra ſe ſervir d'une perche, au haut & vers le bas de laquelle, on ſuſpendra deux petits aix larges de huit ou dix pouces & longs d'environ deux pieds, éloignez l'un de l'autre de huit ou dix pieds, pour ſervir de ſignes, leſquels aix ſeront blancs ou noirs ſelon le fond qui ſera par derriere, & on augmentera la grandeur de ces aix & leurs intervalles, juſques à ce qu'on puiſſe diſcerner la reflexion du ſuperieur.

On ſe perfectionnera par l'uſage dans la facilité de ſe ſervir de ce niveau, & pour verifier ſon exactitude, on choiſira une eau dormante d'environ 60 ou 80 toiſes de longueur, & aprés avoir élevé le niveau ſur le bord de l'eau en ſorte qu'un pendule mis à l'extremité du niveau trempe dans l'eau, on meſurera la hauteur depuis l'eau dormante juſques à la ſurface ſuperieure de l'eau du niveau marquée par un point comme X à l'extremité du niveau dans la figure ſeptiéme : aprés on poſera un baſton vers l'autre bord de cette eau dormante, en le plantant perpendiculairement ou à peu prés, & on fera couler l'aix avec les ſignes blancs ou noirs le long du baſton, juſques à ce que qu'on ait trouvé

trouvé le point de niveau, comme il a esté enseigné cy dessus; aprés on mesurera avec le pendule, la distance du milieu du signe inferieur jusqu'à l'eau, & si on la trouve à peu prés égale à la premiere mesure, on sera assuré de la bonté du niveau.

On peut aussi, faute d'eau dormante, verifier cette justesse en prenant trois points éloignez l'un de l'autre de 100. ou 120. toises, car si on nivelle le 1. & le 2, puis aprés le 2. & le 3. & enfin le 3. & le 1. & qu'on trouve le mesme premier point en ce dernier nivellement à un pouce prés, on sera assuré de la bonté du niveau, & du nivellement, du moins si on fait plusieurs semblables experiences; car encore que le niveau ne fût pas juste, il pourroit arriver que si dans les deux premiers nivellemens on avoit pris trop haut de 3. ou 4. pieds, on prendroit trop bas de 3. ou 4. pieds au dernier, & par ce moyen l'une des erreurs recompenseroit l'autre. On connoîtra par ces mesmes experiences les deffauts des autres niveaux.

Le defaut ordinaire des niveaux qui sont le plus en usage, est, qu'ils ne déterminent pas un point certain, soit qu'on regarde par des fentes ou petits trous, ou le long d'une surface plane, ou qu'on se serve de deux filets tendus horisontalement; lequel defaut procede de ce que la prunelle de l'œil a quelque largeur, & que l'on ne peut discerner lors que son centre est en une mesme ligne droite avec deux points visibles.

Le Chorobate décrit par Vitruve en son huitiéme Livre, Chapitre sixiéme, a encore un autre defaut, qui est, qu'on ne peut juger précisement quand la ſurface de l'eau eſt le long de la ligne qui y eſt marquée ; parce que l'eau faiſant une concavité prés de cette ligne par la ſeconde ſuppoſition , on ne peut reconnoître l'extremité ſuperieure de cette concavité : d'ailleurs, ſuppoſant comme il fait la longueur du Chorobate de 20. pieds, il ſera difficile de l'empeſcher de ſe courber par ſon poids s'il eſt peu épais, & s'il l'eſt beaucoup, il ſera incommode à tranſporter d'un lieu à un autre, & il ne laiſſera pas de ſe courber un peu, meſme la chaleur du Soleil luy fera perdre ſa rectitude : en tous leſquels cas il ſera ſujet à de grandes erreurs, ſans celle qui doit arriver lors que les points de mire, c'eſt à dire les fentes, ou les petits trous au travers deſquels on regarde les objets à niveller, ne ſont pas en une ligne parallelle à la ſurface de l'eau ; la double eſquiere dont on ſe ſert ordinairement ſemblable à la lettre T, & qui eſt le meſme Chorobate décrit par Vitruve, lors qu'au lieu d'eau on ſe ſert d'un pendule, a auſſi de grands deffauts ; car il eſt tres-difficile de faire en ſorte que la ligne qui eſt tracée, ou doit battre le fil du pendule, ſoit préciſement à angles droits ſur l'autre regle. Il eſt encore plus difficile de mettre cette ligne parfaitement perpendiculaire à l'horiſon, car cela conſiſte en un point indiviſible, de la meſme ſorte qu'on ne peut faire tenir debout une épée par ſa pointe ſur un miroir bien uny, & quand par hazard on auroit mis cette ligne à plomb, on ne le pourroit connoître qu'à peu prés, parce qu'il eſt impoſſible de diſcerner ſi le centre de l'œil, le fil du pendule & cette ligne, ou le point qui ſera marqué vers ſon extremité inferieure, sont en un mesme plan, & s'ils ne sont pas en un mesme plan, il se fera parallaxe, ce qui empeschera de connoître la juste position de cette ligne; il y aura encore du doute si les points de mire sont dans un mesme plan parallelle au plan de la regle horisontale, outre que le plomb est presque toûjours en mouvement, tant à cause du vent, que par celuy qu'on luy donne en l'ajustant qui ne s'arreste de long-temps; & si le plan de l'autre regle n'est pas perpendiculaire à l'horison, il arrivera où que le fil du pendule s'en éloignera trop, ou qu'il s'appuyera contre, & s'arrestera ailleurs que dans son vray point, & souvent les vibrations se feront de travers ou en ovalle, tant parce que le fil est tors, que par d'autres causes; toutes lesquelles choses empescheront de connoître la juste situation de ce niveau, quelque exactitude qu'on y puisse apporter, & si on est peu exact, le nivellement sera fort defectueux.

On trouvera de semblables defauts, à peu prés, dans les autres niveaux qui sont en usage, & il est facile de juger qu'ils doivent estre beaucoup au dessous de la justesse & de la certitude de celuy qui est décrit cy-dessus, parce que l'eau se met toûjours d'elle-mesme en un parfait niveau, que l'angle de reflexion est toûjours égal à celuy d'incidence, & qu'on ne manque jamais à discerner à fort peu prés, si les distances de trois lignes parallelles peu éloignées l'une de l'autre, sont égales entr'elles ou non. Que si on ne veut rien donner à l'estime, & qu'on veüille niveller dans une parfaite precision; on ajoûtera à ce niveau des lunettes d'approche, comme il ſera enſeigné cy aprés.

Lors qu'on nivelle à la campagne il fait ordinairement du vent qui fait rider le haut de l'eau du niveau, de maniere qu'on ne peut pas diſcerner nettement l'image du ſigne ſuperieur : pour remedier à ce defaut, il faut couvrir le niveau avec un autre canal un peu plus large & plus long, & creux d'environ un pouce, & par ce moyen l'eau demeurera calme & ſans rides, ſi le vent eſt mediocre, & qu'il vienne de travers ou par derriere : on attachera auſſi à l'extremité de cette couverture qui paſſe au delà du niveau, une feüille de carton ou autre choſe ſemblable, du coſté que vient le vent s'il eſt un peu fort, afin qu'il ne ſe rabatte pas dans le canal ; que ſi le vent enfiloit directement le canal, on pourra mettre une glace de miroir bien fine un peu au delà de la cire, au travers de laquelle on verra les objets tres-diſtinctement, & on attachera un petit quarré de carton au haut de la couverture qui deſcendra un peu plus bas que le haut du verre, ce qui mettra ſuffiſamment l'eau du niveau à couvert. Mais parce que les ſurfaces de ces glaces de miroirs ſont rarement bien planes & parallelles, il faudra les éprouver en un lieu où il ne faſſe point de vent, & les mettre en ſorte qu'on voye au travers la meſme égalité de diſtance des ſignes entr'eux, qu'on voyoit ſans le verre. Pour faire cette epreuve juſte il faut faire une renure au fond & aux coſtez du niveau un peu au delà de la cire, pour y mettre un petit quadre de fer blanc ou d'autre matiere qui portera le verre, qui doit eſtre rond, & qu'on tournera de tous cô-

tez

tez, jufques à ce qu'il faffe un bon effet, & on marquera cette fituation pour le mettre toûjours de mefme, ou pour l'y affermir. Mais fi on ne veut pas fe fervir de verre dans le doute qu'il pourroit caufer de l'erreur, on ne nivellera pas droit à l'objet d'où vient le vent, mais on nivellera un autre objet à cofté, & enfuitte on fera un fecond nivellement vers l'endroit à niveller, & par ce moyen le vent ne pourra nuire, pourveu qu'il foit mediocre, car s'il fait un vent violent, il ne faut pas entreprendre de niveller.

On peut mettre du vif argent dans le niveau au lieu d'eau, aprés l'avoir paffé au travers d'un linge ou d'une peau de Chamois pour en ofter la craffe, mais au lieu de cire, il faudra coller fur le fond du niveau un petit filet de bois d'une ligne de hauteur pour empécher le vif argent de couler; & on aura cet avantage que le vent ne fera pas fi facilement rider fa furface, & qu'il reprefentera mieux l'image du figne fuperieur; & pour empécher qu'il ne fe perde en coulant hors du niveau, car il faut eftre bien exact pour l'empécher; on fufpendra vers fes extremitez des petits vaiffeaux de bois pour le recevoir.

Dans les grandes diftances comme 1000 toifes & au delà, l'extremité de la tangente qui eft dans le plan de niveau eft fenfiblement plus éloignée du centre de la terre que le point où elle touche le milieu de l'eau du niveau, comme on peut voir par la fig. 4 ou GD eft la tangente, & G le point d'attouchement. Pour calculer cette difference qui n'eft autre chofe que RD, difference du rayon AR & de la fecante AD; il faut reduire en pieds le demy

Fig. 4.

diametre de la terre, & à ſon quarré ajoûter le quarré de la diſtance à niveller reduite auſſi en pieds, & de la ſomme tirer la racine quarrée, de laquelle eſtant oſté le demy diametre de la terre, le reſte ſera cette difference préciſement. Pour abreger ce calcul aprés avoir trouvé le quarré de la diſtance nivellée, il faut le diviſer par 40000000 pieds, qu'on ſuppoſe eſtre le diametre entier de la terre, & le quotient ſera la difference requiſe à fort peu prés, comme ſi la diſtance eſt de 5000 pieds, ſon quarré eſt 25000000, lequel eſtant diviſé par 40000000 donne pour quotient $\frac{5}{8}$ de pied ou 90 lignes qui eſt la difference requiſe.

Ce calcul eſt fondé ſur la 36 du 3 d'Euclide excepté qu'on ne conſidere pas le petit quarré de $\frac{5}{8}$ ſçavoir $\frac{24}{25}$ comme de peu d'importance à l'égard de 25000000.

Il faut remarquer que ſi on augmente la diſtance des points à niveller par intervalles égaux comme 500 pieds, 1000 pieds, 1500 pieds, 2000 pieds &c. juſques à 5 ou 6 lieuës, les differences des ſecantes & du rayon augmenteront à fort peu prés comme les quarrez des nombres de ſuites 1, 2, 3, 4 &c. ce qu'on peut voir dans les tables des Sinus; comme ſi la diſtance de 500 pieds donne de difference une ligne, celle de 1000 pieds donnera 4 lignes, celle de 1500 pieds 9 lignes &c. Et parce que la grandeur du diametre de la terre eſt environ 40000000 pieds; une ligne donnera 5 pieds 8 pouces quelques lignes, 2 lieuës le quadruple de ces 5 pieds 8 pouces &c. ce que pluſieurs qui ſe meſlent de niveller ne conſiderent nullement.

Il eſt encore neceſſaire de ſçavoir que dans les grandes diſtances un meſme objet paroiſt de differentes hauteurs par les refractions, & change presq'uà toutes les heures du jour, c'est à dire que s'il est le matin au lever du Soleil en une mesme ligne droite avec un objet prochain, il paroistra plus bas une heure aprés le Soleil levé, & encore plus bas quand l'air sera plus échauffé, & plus les matinées seront fraisches & l'air serain, plus les objets éloignez paroistront élevez, & quelques fois les objets qui sont à une distance d'environ 500 pas paroistront s'élever, & en mesme tems ceux qui sont beaucoup éloignez s'abaisser, principalement lors que le Soleil luit, comme on a reconnu par plusieurs observations faites en divers lieux & diverses saisons, mesme à l'égard des objets moins élevez que l'observateur, ou d'égale hauteur; & on a remarqué quelquefois, qu'un objet qui avoit paru à midy plus bas que le plan de niveau, paroissoit le lendemain matin plus de 20 pieds plus haut que ce plan, en une distance d'environ 2 lieuës, d'où il s'ensuit que le plus seur moien pour bien niveller de grandes distances, est de le faire à plusieurs fois: comme si AB est d'une distance d'une lieuë à niveller, il faudra niveller plusieurs de ses parties de suitte comme AC, puis DE & ensuitte EF, FG, GH, & enfin HB, que s'il y a des vallées entre deux, ou des eaux, ou des bois qui empéchent ces petits nivellemens & que l'on soit obligé de niveller à une fois, ou que par curiosité on veüille niveller des objets à une distance d'une ou deux lieuës ou davantage, il faut qu'il y ait un nivelleur en A & un autre en B qui nivellent de l'un à l'autre en mesme temps lors que le Soleil est couvert de nuées, & s'ils trouvent la mesme difference excedante

Fig. 12.

Fig. 13.

ou défaillante, les deux lieux seront de niveau entr'eux, comme aussi si on les trouve reciproquement dans le plan de niveau; mais si l'une des differences est en dessus & l'autre en dessous, comme si B paroist au nivelleur en A plus haut que le niveau & A plus bas que le niveau au nivelleur en B, il faut ajoûter les deux differences ensemble, soit qu'elles soient égales ou inégales, & la moitié de la somme sera la difference du niveau des deux lieux A & B: que si toutes deux sont plus hautes ou plus basses, inégalement, la moitié de leur difference sera la vraye difference de niveau, quelle que soit la grandeur de la terre, & quelle que puisse estre la refraction au tems du nivellement qu'on suppose estre reciproque & la mesme aux deux nivelleurs en A & B, lors que le temps est sombre, & que le Soleil n'éclaire aucun des objets à niveller, ny ce qui est entre deux.

Demonstration.

Fig. 14. A & C sont supposez estre de niveau entr'eux, A & B sont les points à niveller, & CB estant perpendiculaire à AC & parallelle & égale à AE, soit continuée AE de part & d'autre en F & H, ensorte que EF soit égale à AE & AH à CG ajoustée directement à CB. Or si la refraction éleve autant l'apparence des objets éloignez, que la tangente s'éleve par dessus ces objets, C paroistra au nivelleur en A dans le plan de niveau & B luy paroistra au dessous de ce plan, de la distance CB qui est la veritable, & par la mesme raison E qui est de niveau avec B paroistra au nivelleur en B, dans le plan de niveau, & A luy paroistra plus haut de sa vraye hauteur EA ou BC; donc la somme de ces de ces 2 differences, dont l'une eſt en deſſous & l'autre en deſſus, ſera égale à 2 fois BC, & par conſequent la moitié ſera BC vraye difference de niveau des deux points A & B. Que ſi la refraction éleve moins, par exemple de deux pieds; B paroîtra plus bas de deux pieds que la diſtance CB au nivelleur en A, & par conſequent la difference de niveau ſera CB plus 2 pieds en deſſous : mais en récompenſe A paroiſtra au nivelleur en B, 2 pieds moins haut que la diſtance EA : donc la ſomme de ces 2 differences de niveau ſera toûjours double de BC. Le meſme arrivera ſi la refraction éleve plus l'apparence de C, que la tangente ne s'éleve par deſſus. Car ſoit l'excés BD de 3 pieds: donc B paroiſtra au nivelleur en A, moins bas que la diſtance CB, de 3 pieds: mais en récompenſe A paroîtra au nivelleur en B, plus haut de 3 pieds que la diſtance EA ou BC : donc la ſomme de ces differences apparentes ſera toûjours double de BC. Que ſi la refraction éleve tant, que B paroiſſe auſſi haut que le niveau; alors ſi AEF eſt double de AE, F paroiſtra auſſi au nivelleur en B, dans le plan de niveau, & A paroiſtra plus haut que B de toute la diſtance FA double de BC. Et ſi la refraction éleve encore plus, enſorte que BC eſtant continué en G, paroiſſe plus haut que le niveau de la diſtance CG, A paroîtra d'autant plus haut : & ſi AH eſt égale à CG; A paroiſtra au nivelleur en B, au deſſus de ſon plan de niveau de toute la diſtance FH: donc ſi ſuivant la regle cy-deſſus on oſte CG, c'eſt à dire AH, de FH (car les differences apparentes de niveau ſeront toutes deux en deſſus) le reſte ſera encore FA double de BC. Que si la refraction est si petite,&la distance AB si grande,que A paroisse de niveau au nivelleur en B,ou même au dessous du niveau; on prouvera par les mesmes raisons, qu'au premier cas B paroistra au nivelleur en A, au dessous de son plan de niveau d'une distance double de BC; & qu'au 2 cas, si on oste la difference apparente du point A, de l'autre difference, à cause qu'elles seront toutes deux en dessous; le reste sera encore double de BC: & par consequent en tous ces cas la moitié BC suivant la régle cy-dessus, sera la vraye difference de niveau; ce qui estoit à prouver. Si donc B est trouvé, par exemple, 4 pieds plus bas que A, au nivelleur étant en A;& A plus haut de 18 pieds que B, au nivelleur en B; il faut de la somme 22 prendre la moitié 11, & ce sera la vraye difference de niveau BC. Mais si à cause de la grande refraction, B paroist plus haut de 2 pieds que A, au nivelleur en A;& A plus haut de 20 pieds que B, au nivelleur en B, faisant l'observation en même tems, comme il a esté enseigné cy-dessus 9, moitié de leur difference 18, sera la difference réelle de niveau BC, des deux points A & B. On fera un semblable calcul, si les differences sont toutes deux en dessous, & l'on prouvera facilement que lors que A & B sont en mesme niveau, on trouvera toûjours les mesmes differences de mesme part.

Mais parce qu'on a de la peine à discerner les objets qui doivent servir de signes quand ils sont éloignez d'une ou deux lieuës, & mesme de 200 ou 300 toises, & que l'image du signe superieur dans l'eau paroist un peu obſcure, outre que les ſignes devant eſtre alors beaucoup éloignez l'un de l'autre, il eſt plus difficile de bien diſcerner l'egalité de leurs diſtances, que quand ils ſont à cinq ou ſix pouces; on pourra ſe ſervir d'une lunette d'approche, par le moyen de laquelle on determinera parfaitement le point de niveau dans ces diſtances éloignées; ce qu'on fera en cette ſorte.

Il faut donner à l'objectif le plus qu'on pourra de largeur horizontalle, afin que les images des objets réfléchis ſur l'eau du niveau, ſoient plus viſibles; & au lieu de 2 ſignes blancs, il en faut mettre 3 en égale diſtance & d'égale largeur, dont l'inferieur ait quelques traits noirs de haut en bas, & n'occupe pas toute la largeur de l'aix, pour le diſtinguer des autres: on mettra l'objectif de la lunette fort prés de la cire, en ſorte que ſon centre ſoit élevé environ 2 lignes ou 1 $\frac{1}{2}$ plus haut que la ſurface de l'eau: on fera un petit creux vers le bout du canal, à un demy pouce de la cire, pour loger l'extremité de la lunette; & on fera ce creux en talut pour la mettre facilement, en l'avançant ou reculant, en la ſituation la plus commode pour diſcerner l'image du ſigne ſuperieur: on peut meſme la tenir un peu éloignée du niveau. La lunette étant bien ajuſtée, ſi on regarde les trois ſignes au travers, & qu'on faſſe hauſſer & baiſſer l'aix juſqu'à ce que l'image du ſigne ſuperieur couvre préciſement à l'œil le ſigne inferieur marqué de petits traits noirs; la ligne tracée dans le milieu du premier ſigne ſera dans le plan de niveau, ou du moins y aura ſon

Fig. 15.

apparence ; ce qui se prouve en cette sorte.

Soient C & D deux points également éloignez du point E, & NO la section perpendiculaire de l'objectif de la lunette passant par son centre P, lequel centre, comme il a esté dit, doit estre élevé plus haut que la surface superieure de l'eau AB : soit tirée la droite DB, & continuée jusques à ce qu'elle rencontre NO un peu plus haut que P, comme en R : il est manifeste que les rayons du point D, qui est le signe inferieur, tomberont tous sur l'objectif au dessus de R, comme DS ; & que si on tire DAQ coupant NO en Q, les rayons reflechis du point C sur AB tomberont entre R & Q sur l'objectif : car un rayon comme CM, se reflechissant en MP, P sera en la ligne droite DMP par les regles de la Catoptrique : donc tous les rayons reflechis feront le mesme effet sur la lunette, que s'ils venoient du point D ; & par consequent l'image du point C & le point D ne paroîtront à l'œil qu'un mesme point & se couvriront l'un l'autre précisement, quoy que leurs rayons tombent en divers endroits de la lunette ; ce qui n'arrivera que lors que le point E sera dans le plan de niveau qui touche la surface de l'eau, ce qui estoit à prouver.

Il est aisé à juger que plus le niveau sera long, & les points C & D distants du point E, plus il tombera de rayons reflechis du point C sur l'objectif, & moins de ceux du point D : ce qui servira à regler l'ouverture de l'objectif & sa situation selon sa grandeur & celle du niveau.

Il faut remarquer que si l'oculaire de la lunette est

convexes

convexe, le ſigne inferieur paroiſtra le plus haut des 3; & ſi l'image du ſuperieur paroiſt encore plus haute, il faudra faire baiſſer l'aix; & ſi elle paroiſt plus baſſe, il le faudra faire élever. Pour éviter la confuſion des ſignes, on pourra oſter celuy du milieu; & lors que l'image du ſuperieur paroiſtra couvrir l'inferieur, le milieu entre les deux ſignes ſera dans le plan de niveau: on pourra marquer ce milieu par une ligne parallelle aux ſignes.

Lors que le ſigne ſuperieur eſt beaucoup éloigné de l'inferieur, on diſtingue bien mieux ſon image; & il n'eſt pas neceſſaire de voir en meſme temps ce ſigne, mais il ſuffit qu'on voye ſon image couvrir le ſigne inferieur: Que ſi l'on ne voit pas cette image, c'eſt une marque que le ſigne n'eſt pas aſſez élevé, ou que la lunette n'eſt pas bien placée.

On diſtingue mieux l'image du ſigne ſuperieur ſans lunette, qu'avec une lunette: ce qui procede de ce que tous les rayons réfléchis de ce ſigne n'occupent qu'une ligne de hauteur verticale dans l'objectif, & les rayons directs en occupent tout ce qui eſt au deſſus; mais l'ouverture de la prunelle n'ayant ordinairement qu'une ligne de largeur, il y paſſe autant de rayons réfléchis que de directs, de ce meſme ſigne.

On peut ſe ſervir auſſi de lunettes, ſi on veut, dans les mediocres diſtances: car on determinera plus préciſement le vray niveau, & on ne donnera rien à l'eſtime. Que ſi on vouloit niveller à de grandes diſtances, ou que l'on n'euſt pas de ſignes qui puſſent eſtre hauſſez & baiſſez; il faudra ajuſter à l'extremité d'un petit tuyau, qu'on mettra dans celuy qui porte l'oculaire convexe, trois petits filets ou cheveux en égale diſtance, & parallelles entr'eux, éloignez l'un de l'autre d'environ deux lignes, & faire en ſorte quils ſoient placez dans le foyer interieur de l'oculaire, & parallelles à l'horizon. En ſuitte on choiſira un objet fort viſible plus haut que le niveau, comme le bord de l'horizon ſenſible, ou le ſommet d'un arbre, ou une partie remarquable de quelque autre choſe élevée, pour ſervir de ſigne ſuperieur; & ſi en regardant par la lunette on void ce ſigne & ſon image dans l'eau, couverts par les 2 filets extremes, le point d'un objet qui ſera couvert par le filet du milieu, aura ſon apparence dans le plan de niveau: mais il faut que la lunette demeure immobile aprés avoir eſté bien placée, afin qu'on puiſſe faire ce diſcernement. Il faut auſſi qu'on puiſſe par le moyen d'une petite machine, ou autrement, approcher ou reculer également les filets extremes de celuy du milieu, afin que leur diſtance ſoit juſte, pour couvrir préciſement l'objet qu'on prend pour ſigne ſuperieur, & ſon image.

On peut toutefois, pour éviter la peine de remuër les filets, juger par l'eſtime, ſi les filets extremes ſont également éloignez du bord de l'horizon & de ſon image; ce qui ſera le meſme à peu prés, que s'ils les couvroient préciſement.

Il arrive ſouvent que les objets qui ſont au deſſous du niveau, ſont fort clairs; ce qui empéche de diſcerner l'image du ſigne ſuperieur, comme il eſt aiſé à voir dans la figure 15: car les rayons du point D tombant sur le haut de l'objectif entre R & N, efface-ront le peu de rayons réfléchis du point C sur l'espace RQ. Pour faciliter ce discernement, il faudra couvrir le haut de l'objectif jusques vers R, & avoir un niveau de 5 ou 6 pieds de longueur, & prendre un signe assez élevé par dessus la tangente horizontale, & baisser peu à peu l'objectif. Car lorsque le point R sera dans la ligne DB, il ne viendra point à l'œil de rayons du point D, & il en recevra beaucoup par reflexion du point C; ce qui est aisé à demonstrer. On apprendra par l'usage la façon la plus commode pour se bien ser-vir des lunettes, & de quelle grandeur elles devront estre: mais lors qu'on s'en sert, il ne faut point se ser-vir de verre pour empescher le vent, à moins que le verre ne soit bien éprouvé, car il pourroit faire de fausses refractions; & l'on cherchera d'autres moyens pour mettre à couvert l'eau du niveau.

Regles qu'il faut observer pour les differens lieux à niveller.

SI on veut mettre de niveau une allée de jardin ou une longue gallerie, il faut placer le niveau au milieu de la longueur, sur quelque aix un peu éle-vé, & trouver deux points en mesme niveau aux deux extremitez, comme il a esté enseigné. Ensuite on prendra la distance depuis le point X, qui marque au bout du niveau, en la figure 7, la hauteur de la sur-face de l'eau, jusques à un piquet au dessous, qui soit à la hauteur où l'on veut élever l'allée, à laquelle diſtance on en prendra d'égales, depuis les deux points trouvez de niveau, juſques à des piquets qu'on plantera au deſſous. On mettra encore de la meſme maniere d'autres piquets entre-deux, ſi l'allée eſt bien longue, & par le moyen de ces piquets on mettra tout le reſte de niveau. Que ſi c'eſt une table qu'on veuïlle poſer de niveau; la meilleure façon eſt de verſer de l'eau doucement au milieu juſques à ce qu'elle coule également de tous coſtez, & alors elle ſera de niveau, du moins à fort peu prés; car il ſera tout auſſi difficile de la mettre dans un parfait niveau, que de faire tenir une épée debout par ſa pointe ſur une glace de miroir.

Si on veut niveller deçà & delà d'une éminence à la campagne; il faut avoir une pique ou une grande regle, ou deux tuyaux de fer blanc qui entrent l'un dans l'autre comme ceux des grandes lunettes d'approche, & mettre au haut les ſignes; & aprés avoir placé le niveau au haut de l'éminence, on fera éloigner celuy qui portera les ſignes, plus ou moins ſelon que la pente ſera roide, juſques à ce qu'on connoiſſe en obſervant ce qui a eſté dit cy-deſſus, que le milieu du ſigne inferieur (lors qu'il n'y en a que deux) ſoit à la meſme hauteur que l'eau du niveau: Alors on meſurera la diſtance depuis le point X juſques à une pierre qu'on mettra au deſſous; & on ira prendre la meſme diſtance depuis la pierre où eſt poſée la pique ou le tuyau; & le ſurplus, juſques à la ligne qui ſera tracée au milieu du ſecond ſigne, ſera la difference de niveau de ces deux

premieres

premieres stations. On fera de mesme pour les autres stations, jusqu'au point requis à niveller. On fera de mesme de l'autre part de l'éminence: & si on a écrit toutes les differences des stations, en ajoûtant ensemble celles de chaque costé, on connoîtra la difference de niveau des deux points. On peut hausser & baisser l'aix où seront les signes, par le moyen d'une petite poulie attachée au haut de la grande regle, ou par quelques autres moyens qu'on trouvera les plus commodes.

Pour mettre de niveau quelque grande salle, il faut se servir de la petite bande de papier de la figure 6, collée sur un petit aix, qu'on élevera ou baissera peu à peu, jusques à ce qu'on ait trouvé un point de niveau avec l'eau du niveau placé au milieu de la salle. On trouvera un autre point de mesme de l'autre part, & on prendra une mesure égale depuis ces deux points jusqu'à 2 pavez qui seront au dessous: on placera encore 2 ou 3 autres pavez en d'autres endroits à mesme hauteur, aprés avoir tourné le niveau vers les autres costez de la salle; ce qui suffira pour ajuster le reste. On peut mesme poser le milieu du niveau & l'affermir sur un genoüil de bois ou de cuivre, par le moyen duquel on le tournera en rond toûjours à mesme hauteur, & on prendra par ce moyen tant de points qu'on voudra à mesme hauteur.

Si on veut niveller une pente de montagne tres-roide, il faut avoir un canal étroit, & long de 15 ou 16 pieds, & le mettre de niveau par le moyen de l'eau qu'on y versera, l'appuyant pour le faire tenir horizontalement. On prendra la hauteur depuis le pied de la montagne jusques à ce canal : ensuite on posera le baston qui sert à mesurer, à l'endroit où estoit le bout du canal, qu'on posera plus loing & plus haut, le mettant encore de niveau, & mesurant de mesme & ainsi on ira, comme par degrez, jusques au haut de la montagne, où jusques à ce que la pente ne soit plus si roide, & qu'on puisse employer l'autre niveau. Au lieu de canal, on peut se servir d'une longue regle & y appliquer un petit niveau de bois au milieu, comme ceux dont se servent les Maçons & les Charpentiers, pour connoître quand elle sera posée horizontalement.

Lors que par curiosité on veut niveller dans la derniere exactitude possible, à une seule fois, deux tours, ou deux montagnes, ou choses semblables, éloignées l'une de l'autre d'une ou deux lieuës, il faut qu'il y ait un nivelleur en chaque endroit, & que chacun d'eux ait 2 ou 3 signes blancs de grandeurs & de distances suffisantes, qu'on fera couler sur un fonds noir, soit de toille peinte, ou de telle autre matiere qu'on trouvera plus commode. Ils choisiront un temps que le Soleil soit couvert de nuées, & que l'air ne soit pas trop froid, ou trop chaud, & qu'il ne soit pas trop remply d'exhalaisons ondoyantes. Il faut aussi qu'ils conviennent des signes qu'ils se feront pour niveller en mesme temps, & pour sçavoir quand il faudra hausser ou baisser les signes qui marquent le niveau, lesquels ils verront respectivement par le moyen de bonnes lunettes d'approche de 6 ou 7 pieds de longueur : & aprés avoir remarqué à peu prés où chacun d'eux doit poser son niveau, & qu'ensuitte ils auront fait hausser ou baisser leurs signes jusques à ce qu'ils soient bien placez, ils se feront connoître respectivement de combien de pieds la surface de l'eau de leurs niveaux sera plus haute ou plus basse que la ligne tirée dans le signe du milieu, qui est de leur costé, & ils s'ajusteront ensuitte de maniere qu'ils puissent trouver chacun la mesme difference; ce qui sera facile en observant les regles cy-dessus : comme si l'un se trouve 8 pieds plus haut que le niveau de l'autre, & que l'autre ne trouve que 4 pieds, il faudra que ce dernier hausse son niveau de 2 pieds, ou que l'autre baisse le sien d'autant, & ils trouveront en nivellant de nouveau une mesme difference de 6 pieds. Si on pratique bien cette methode, on pourra s'asseurer que l'eau des deux niveaux est également distante du centre de la terre, & que les points qu'on marquera à cette hauteur seront en un mesme niveau : Et on pourra avoir le plaisir de remarquer à diverses heures du jour de combien chacun de ces lieux qu'on aura marquez, paroistra élevé, ou abaissé par les differentes refractions, ou mêmes s'il n'y aura point de petites differences entre les deux niveaux, lors que le Soleil luira, à cause que les refractions sont alors fort irregulieres, & qu'un mesme rayon peut estre rompu plusieurs fois en divers sens avant que d'arriver à l'œil : comme si l'objet est en A, & l'œil au dessus d'une tour en B, & une Fig. 16.

éminence de terre entre deux en E où luise le Soleil; le rayon AD se pourra rompre en DG, rencontrant un air plus épais en D qu'en A; & s'il rencontre vers le point G un air fort chaud à cause des exhalaisons qui s'élevent au dessus de E, il pourra remonter vers F & derechef descendre vers B, & ce rayon FB estant continué vers C, fera paroistre l'objet A en C; au lieu que l'œil estant en F, il le pourra voir en H par la ligne FGH. Mais il est fort vray-semblable que lors que le Soleil ne luit point & que deux objets sont en mesme hauteur, c'est à dire en mesme niveau, comme A & B en la figure 13, l'œil en B verra l'objet en A, aussi élevé par la refraction, comme l'œil en A verra l'objet en B, parce que les refractions sont reciproques; ce qu'il faudra verifier par plusieurs experiences. Les plus assurées seront celles qu'on fera par le moyen d'un lac ou d'un grand étang: car ils serviront, lors que l'eau est calme, à prendre deux points éloignez l'un de l'autre de 2000 ou 3000 toises, & également distans du centre de la terre; & on pourra observer si quelquefois lors que le Soleil luit & qu'il fait tres-grand chaud, la refraction n'abaisse pas l'objet au lieu de l'élever, & si lors que le Ciel est couvert de nuées, les deux points paroissent aux deux nivelleurs en mesme temps toûjours également élevez.

On peut se servir d'un autre instrument tres-exact pour niveller. Il faut avoir un petit vaisseau beaucoup plus long que large, qu'on remplira d'eau jusques à une hauteur suffisante; & dans ce vaisseau on posera

posera un petit batteau de fer blanc ou de cuivre, qui soit de mesme longueur & largeur à peu prés que le vaisseau. Au haut de ce petit batteau, vers les extremitez, on ajoûtera des verres de lunettes, sans se mettre en peine si l'axe de la lunette est précisement parallele à la surface de l'eau. En suitte on partagera en deux également la distance à niveller, & on y placera la petite machine, empéchant que le vent ne fasse mouvoir le petit batteau; & lors qu'il sera arresté, on remarquera vers un des lieux à niveller, le point où répondra le fil qu'on aura placé au centre du foyer de l'oculaire: puis on tournera le vaisseau avec son petit batteau flottant, par quelque moyen facile, & on attendra que la lunette soit arrestée presqu'à la mesme situation que dans la premiere observation. On remarquera de mesme, un point vers l'autre lieu; ce qu'on pourra faire encore 2 ou 3 fois en retournant la machine: & si l'on void toûjours les mêmes points de part & d'autre, on sera tres-asseuré que ces 2 points seront également éloignez du centre de la terre, puis que le batteau demeure toûjours enfoncé de mesme. Ce niveau n'est sujet à aucune erreur, si ce n'est que le lieu où il est placé, ne soit pas également éloigné des deux points à niveller: Mais quand il y auroit 3 toises de difference, estant éloigné de 2000 toises de l'un des points, l'erreur sera moindre qu'une ligne: comme si, en la figure 17, CA est la machine; CB, une distance de 2000 toises; D, le point plus haut de six pieds que le vray niveau CB;

CE l'autre diſtance de 2002 toiſes, on trouvera par le calcul, que l'erreur ſera moindre qu'une ligne; & dans les autres diſtances à proportion. On n'employera cette façon de niveller, qu'en des nivellemens bien importants, & en des lieux enfermez comme en de longues galleries, afin qu'il n'y faſſe point de vent, & on fera l'obſervation pendant que le Soleil eſt couvert de nuées, pour éviter les inégalitez des refractions; ou ſi c'eſt à la Campagne, on peut ſe couvrir d'une tente, & faire enſorte que la machine ne ſoit point agitée par le vent.

On peut auſſi avec ce niveau connoiſtre dans une plaine, ſi 2 Tours ou 2 montagnes ſont auſſi hautes l'une que l'autre, en élevant le bout de la lunette juſques à ce que le fil qui eſt au centre du foyer de l'oculaire, reſponde au ſommet de l'une des Tours ou montaignes, & en ſuitte tournant la machine vers l'autre, on verra facilement ſi elle eſt plus haute ou plus baſſe; mais il faut avoir trouvé par la trigonometrie ou autrement, qu'on eſt également éloigné, ou à peu prés, des deux points qu'on nivelle, & tourner deux ou trois fois la machine pour voir ſi on rencontrera toûjours les meſmes points.

Si on ne peut ſe mettre au milieu de la diſtance des 2 points à niveller, & qu'on veüille ſe ſervir de ce niveau pour niveller un point éloigné; on trouvera deça & dela du niveau, en diſtances égales, 2 points qu'on marquera par 2 lignes horizontales: en ſuitte on ſe reculera 50 ou 60 pas au dela de là ligne la plus éloignée du point à niveller, & avec une lunette on cherchera à voir ces 2 lignes comme une ſeule ligne en hauſſant ou baiſſant la lunette ſelon qu'il ſera neceſſaire ; & un point éloigné qui ſera couvert à la veuë par ces 2 lignes, ſera dans un meſme plan de niveau avec elles, ou du moins y aura ſon apparence.

Lorſqu'on veut ſçavoir la difference de niveau de 2 ſommets de montagnes, ou d'autres objets éloignez l'un de l'autre de 5 ou 6 lieuës, & diſpoſez enſorte qu'ils bornent l'horizon ſenſible l'un de l'autre, & que les rayons viſuels qui vont de l'un à l'autre, raſent quelques éminences couvertes de bois, ou qui ſont de difficile accez, ce qui empeſche de ſe pouvoir ſervir des niveaux cy-deſſus ; il faut avoir en chaque lieu un quart de cercle comme ceux avec leſquels quelques Aſtronomes prennent les hauteurs des Aſtres par le moyen des lunettes d'approche qui ſervent de pinules : & aprés les avoir rectifiez comme il ſera enſeigné cy aprés, on prendra reſpectivement la difference de hauteur apparente de ces objets à l'égard de la tangente horizontale, ſoit qu'ils ſoient veus au deſſus, ou au deſſous de cette tangente : & aprés qu'on aura ſceu au plus prés qu'on pourra, la diſtance de ces 2 objets ; par la trigonometrie ou autrement, on calculera cette difference de hauteur par la trigonometrie. Comme ſi l'un de ces objets paroiſſoit élevé pardeſſus le plan horizontal de l'autre, de 12 minutes, & que leur diſtance fuſt de 12000 toiſes, on cherchera par les Tables des ſinus, le ſinus de 12 minutes, qu'on trouvera eſtre 349, le rayon entier eſtant 100000 ; & aux trois nombres 100000, 12000, & 349, on trouvera le 4e. proport. 41^t $\frac{22}{25}$ toises, qui sera l'élevation de cét objet au dessus de la tangente. On fera de même pour l'autre objet, & par le calcul enseigné cy-dessus on connoîtra la vraye difference de niveau des 2 objets entr'eux: comme si l'autre estoit trouvé plus bas de 30 toises que la tangente horizontale, on prendra la moitié de 71 $\frac{22}{25}$ toises, somme des deux differences, & cette moitié, sçavoir 36 toises $\frac{10}{50}$, sera la vraye difference de niveau des 2 objets, du moins à peu prés, si on sçait bien prendre les hauteurs: car si on est tres-exact, & que le quart de cercle soit bien divisé & rectifié, l'erreur sera peu considerable; mais on ne pourra jamais estre asseuré que ce nivellement soit dans une parfaite justesse.

Pour bien rectifier un quart de cercle à lunettes, on fera ce qui s'ensuit. La division des degrez & minuttes &c. estant bien faite, on fera battre le fil du pendule sur le commencement de la division le plus exactement qu'on pourra: Ensuite on arrestera l'objectif de la lunette à l'extremité d'un des costez du quart de cercle vers l'angle droit, & on placera auprés du quart de cercle un niveau comme celuy qui est décrit en la 7 figure, de maniere que la surface de l'eau soit aussi haute que le centre de l'objectif sur le quart de cercle: Et aprés avoir nivellé tres-exactement une ligne noire à une distance de 40 ou 50 toises ou plus, si l'on veut, par le moyen d'une lunette, comme il a esté enseigné cy-dessus, on ajustera l'oculaire de la lunette du quart de cercle, sans remuer le quart de cercle, ensorte que le filet qui sera

placé

placé au centre de son foyer interieur, couvre précisement cette ligne noire à la veuë; & alors on sera asseuré, si les verres sont bien arrestez en cette situation, que l'axe de la Lunette sera placé horizontalement, & que le quart de cercle sera bien rectifié & propre à prendre exactement des hauteurs. Mais parce qu'en transportant ces quarts de cercles qui sont fort pesans, on peut craindre qu'ils ne se soient faussez, ou que les verres n'ayent changé de situation; on les pourra rectifier de nouveau lors qu'on les voudra employer dans le nivellement. Si en ces nouvelles rectifications on ne veut pas changer la situation des verres de la lunette, on peut mettre le niveau prés de l'objectif & l'élever ensorte que la surface de l'eau soit à mesme hauteur que l'axe de la lunette: aprés on choisira un objet fort visible & éloigné, un peu plus haut que le niveau de l'eau, & on tournera le quart de cercle en sorte que regardant par la lunette, le fil qui est au centre de l'oculaire couvre l'image de quelque point de l'objet, & aprés avoir remarqué au bas le fil du pendule, on haussera un peu le devant de la lunette en tournant le quart de cercle jusqu'à ce qu'on voye directement l'objet, & que le mesme fil en couvre le mesme point: & aprés avoir laissé arrester le fil du pendule, & avoir remarqué le point de la graduation, le point qui sera également entre ces deux points, sera celuy où doit battre le pendule, lors que l'axe de la lunette est parallele à l'horizon: & si ce n'est pas le premier point de la division du quart de cercle, il faudra en remarquer la difference en minutes & secondes, afin qu'on y ait égard en prenant les hauteurs des Astres ou des autres objets dont on veut sçavoir l'élevation. Par ces moyens, & par les autres qui ont esté enseignez cy-dessus, on pourra trouver le niveau de tous les lieux accessibles ou inaccessibles, pourveu qu'ils ne soient pas éloignez de plus de cinq ou six lieuës.

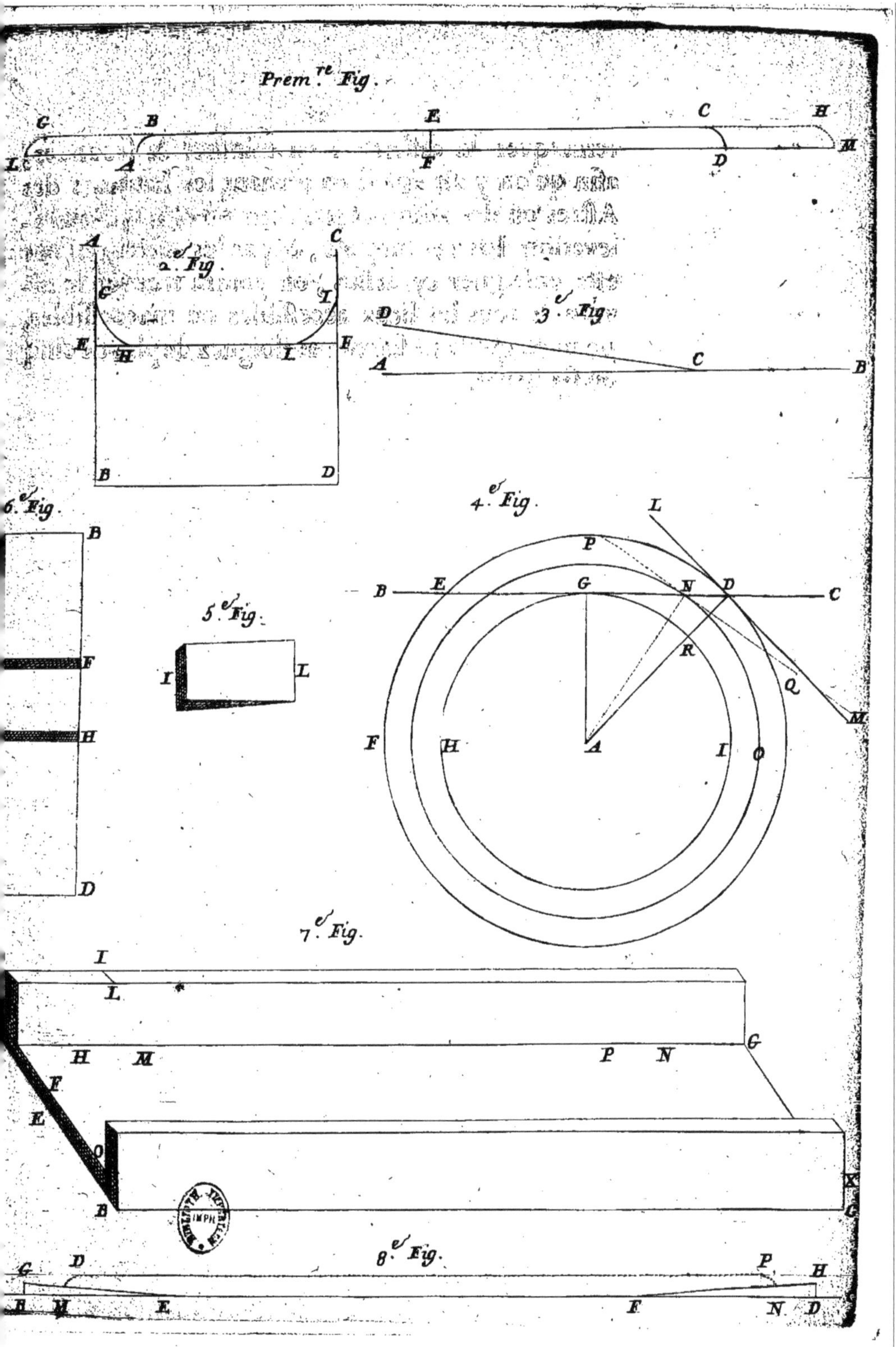
Prem.re Fig.
G
B
E
C
H
L
A
F
D
M
A
C
2.e Fig.
G
I
E
H
L
F
B
D
D
3.e Fig.
A
C
B
6.e Fig.
B
F
H
D
4.e Fig.
L
P
B
E
G
N
D
C
R
Q
M
F
H
A
I
O
5.e Fig.
I
L
7.e Fig.
I
L
H
M
P
N
G
F
E
O
B
X
G
8.e Fig.
G
D
P
H
B
M
E
F
N
D

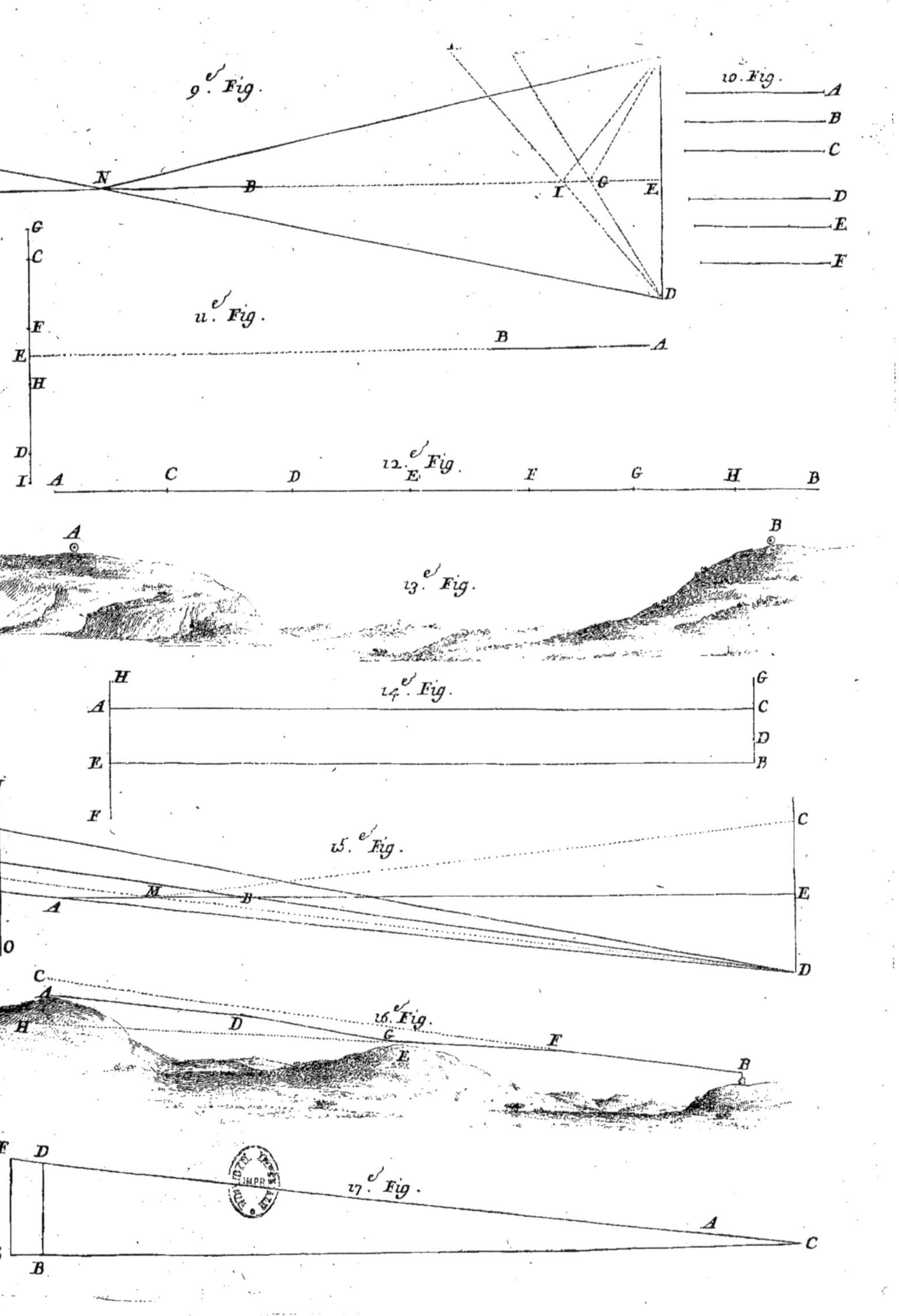
9.e Fig.
N
B
I
G
E
D
10. Fig.
A
B
C
D
E
F
11.e Fig.
G
C
F
E
H
D
I
B
A
12.e Fig.
A
C
D
E
F
G
H
B
13.e Fig.
A
B
14.e Fig.
H
A
E
F
G
C
D
B
15.e Fig.
M
A
B
O
C
E
D
16.e Fig.
C
A
H
D
G
E
F
B
17.e Fig.
F
D
A
C
B

www.ingramcontent.com/pod-product-compliance
Ingram Content Group UK Ltd.
Pitfield, Milton Keynes, MK11 3LW, UK
UKHW012115240726
13965UKWH00004B/1784

9 782013 056496